黔菜精品荟萃

贵州饭店　编

贵州人民出版社

编辑委员会名单

前排左起：王世梅　吴　静　田秋英　张燕玲　祝胜修　赵　静
后排左起：萧　瀚　毛羽丰　孙俊革　童泽民　鲍　忠　陈　龙　秦立学　杨祺恒　付立刚　吕学卫　代进玲

序 PREFACE

黔菜是中国餐饮界异军突起的一个菜系。近年来，原本沉寂于大山之中的黔菜作为中国饮食文化的一个重要的餐饮菜系，以其独特的色、香、味、形、质和地方民族文化特色而独树一帜，在中国食品烹饪技艺百花园中占有了一席之地，受到国内外人们的追捧和青睐，这说明黔菜“自然、健康、美味、安全”的特点越来越被世人所认识和重视。

1999年9月，由贵州饭店组织相关人员编写、贵州人民出版社出版的《吃在贵州》一书，第一次以图文并茂的方式，对黔菜进行了收集和梳理，为后来进一步挖掘、整理、借鉴、开拓和创新黔菜等方面的工作打下了基础并提供了思路。

2009年，是贵州饭店开业二十周年，作为贵州省第一家涉外旅游饭店，贵州饭店目前已成为全国饭店业的知名品牌和对外接待的重要窗口企业，得到了社会和业内的认可，创造了骄人的经营业绩，并塑造了良好的社会形象。长期以来，贵州饭店坚持以贵州特色为主，打造高档宴会菜及面向社会的大众菜；高度重视菜肴创新工作，创新的意识和理念已融入企业文化，形成风气，每年开发的特色菜肴和风味小吃就有上百种。一些创新菜，如“红袍鲜鲍”，中西合璧的形式让人耳目一新，2006年荣获世界金钥匙酒店联盟组织厨艺比赛金奖；“葱香烤鱼”，以其特有的贵州风味曾在全国饭店业技能大赛中荣获金奖……

从1997年开始，中国饭店协会把贵州饭店开发的特色菜陆续介绍给全国各地的星级宾馆，贵州饭店受邀到全国各宾馆饭店举办的“贵州菜”美食节就达30余次，这些美食节不仅有贵州特色菜，还有少数民族的歌舞表演。这种把贵州饮食文化与贵州民族民间文化巧妙地结合在一起的方式深受客人欢迎，在相互的交流、融合、发展中既宣传了贵州，又宣传了黔菜，同时宣传了企业形象，实现了多赢。

如今，距第一本《吃在贵州》已届10年，贵州饭店将历年来获奖和获得好评的菜肴、小吃重新汇总、编辑成《吃在贵州——黔菜精品荟萃》一书，旨在强调黔菜美味和特色的同时，从现代营养学的角度突出其健康、养生、滋补和科学搭配等理念，让黔菜从“土”、“粗”、“杂”、“野”中走出来，登上大雅之堂，使之为更多的人所接受，更好地为贵州社会经济文化的发展发挥积极作用。

中国饭店协会会长

韩明

2009年4月二十八日

目录

CONTENTS

精选菜式

特色菜品

创新荟萃

目录

CONTENTS

精选菜式

JING XUAN CAI SHI

金牌鱼翅

■ **原　　料**：金钩翅，高汤、银芽、芫荽等。

■ **烹制方法**：发好的金钩翅放入高汤内煮熟后调味，装盅即成。

■ **味型特点**：汤鲜味醇，柔嫩腴滑。

■ **营养保健**：鱼翅向来被视为高贵食品，属“海味八珍”之一，有补血、补气、补肾、补肺、开胃的作用。

木瓜燕窝

■ **原　　料**：燕窝、木瓜，冰糖等。

■ **烹制方法**：采用上好的燕窝，经过精心涨发后装入木瓜内一同蒸制。

■ **味型特点**：燕窝爽滑，瓜香浓郁。

■ **营养保健**：木瓜又名万寿果，是闻名于世的岭南佳果，它肉质细滑，味香清甜，将它与燕窝同炖，既滋补又养颜，还具有补中益气之功效。

鲍菇扣辽参

■ **原　　料**：辽参、百灵菇，西兰花、伊面等。

■ **烹制方法**：将加工成鲍鱼形状的百灵菇和发好的辽参用砂锅煨好装盘，西兰花、伊面煮熟装盘，淋上鲍汁即成。

■ **味型特点**：色泽红亮，鲜香味醇，口感软糯。

■ **营养保健**：辽参是一种高蛋白、低脂肪、低胆固醇食品，其性温补，功过人参，常食用能加快新陈代谢、滋补养颜，更有防癌作用。

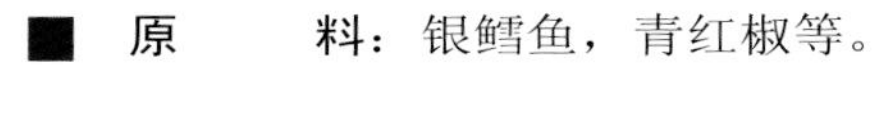

美极银鳕鱼

■ **原　　料：** 银鳕鱼，青红椒等。

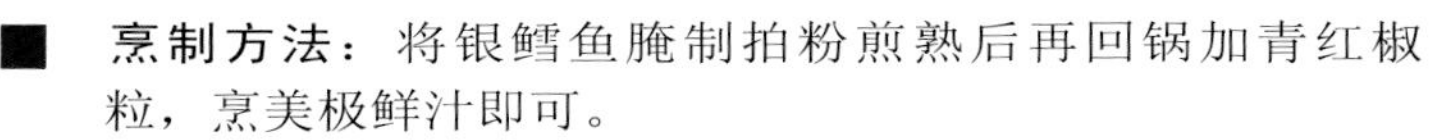

■ **烹制方法：** 将银鳕鱼腌制拍粉煎熟后再回锅加青红椒粒，烹美极鲜汁即可。

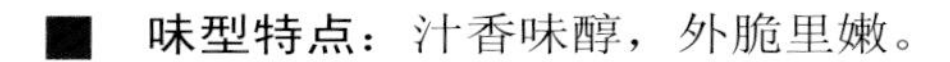

■ **味型特点：** 汁香味醇，外脆里嫩。

■ **营养保健：** 鳕鱼蛋白质含量非常高，而脂肪含量极低；肝脏中含油量高达45%，并含有多种维生素，是老少皆宜的营养美味。

香煎法式鹅肝

■ **原　　料**：法国鹅肝，面包片、西兰花等。

■ **烹制方法**：将鹅肝腌制、拍粉、煎熟，面包片抹黄油和蒜蓉烤香，点缀上西兰花即成。

■ **味型特点**：脆软酱香，口感细腻。

■ **营养保健**：鹅肝有“世界绿色食品之王”的美誉，能降低胆固醇、降低血脂、软化血管、延缓衰老等，是法国传统名菜中的贵族食品，其珍贵程度等同于中餐的鱼翅、海参。

黑椒汁扒大虾

- **原　　料**：大对虾，大葱、老姜等。
- **烹制方法**：将大虾加葱、姜、料酒腌制，下油锅炸熟，加调料烧入味后装盘，淋黑椒汁即可。
- **味型特点**：大虾肉质鲜嫩，黑椒味香浓醇厚。
- **营养保健**：本菜营养丰富，大虾中含大量蛋白质，还含有丰富的钾、碘、镁、磷等矿物质及维生素A、氨茶碱等成分，且肉质松软，易消化，是中老年人食用的营养佳品，对身体虚弱以及大病初愈的人也有裨益。

红袍鲜鲍

■ **原　　料**：珍珠鲍，银杏、竹荪、西红柿等。

■ **烹制方法**：珍珠鲍用鸡汤煨好切丁，竹荪切节，西红柿挖去内瓤后打成汁，把竹荪、银杏汆水装入西红柿内，淋上调好味的汁即可。

■ **味型特点**：外形美观，酸甜适口。

■ **营养保健**：珍珠鲍营养丰富，食疗价值较高，含有蛋白质、脂肪、碳水化合物、维生素A、维生素E、钾、钠、钙等营养成分，属于低胆固醇高蛋白的健康食品，具有滋阴补阳、清热利湿、化痰散结的功效。同时，鲍鱼中能提取一种被称作鲍灵素的生物活性物质，能保护机体免疫系统，预防心血管疾病。

木瓜海参

■ **原　　料**：水发海参、木瓜，笋片、香菇等。

■ **烹制方法**：取半只木瓜，蒸透备用。将海参、笋片、香菇用上汤煨至入味，装入蒸熟的木瓜内即成。

■ **味型特点**：色泽红亮，咸鲜香浓。

■ **营养保健**：木瓜又称“万寿果”，与“海八珍”之一刺参相结合，养颜润肠，营养丰富。

蒲棒鳕鱼

■ **原　　料**：银鳕鱼，面包糖、鸡蛋等。

■ **烹制方法**：将银鳕鱼切成块，腌制入味后用竹签穿好挂蛋黄，裹面包糠，炸黄装盘，挤上沙拉酱即可。

■ **味型特点**：色泽金黄，鱼肉鲜嫩。

■ **营养保健**：鳕鱼蛋白质含量非常高，而脂肪含量极低，并含有多种维生素，是老少皆宜的营养美味。

海鲜意粉

■ **原　　料**：龙虾、意粉等。

■ **烹制方法**：将煮熟的意粉与龙虾肉放入汤汁中烧入味即可。

■ **味型特点**：汤鲜味醇，滑嫩可口。

■ **营养保健**：意粉，又被称为意大利面、通心粉，主要营养成分有蛋白质、碳水化合物等，是中国人最容易接受的西餐品种。添加辅料的意粉，其营养成分随辅料的品种和配比而异，易于消化吸收，有改善贫血、增强免疫力、平衡营养等功效。

安格斯牛仔骨

■ **原　　料**：牛仔骨，萝卜、洋葱等。

■ **烹制方法**：牛仔骨腌制后过油使之六成熟，将炒至半生的洋葱、萝卜（提前用鸡汤煨制）铺置于热铁板上，放上炸好的牛仔骨，淋上黑椒汁即成。

■ **味型特点**：肉质细嫩，味浓可口。

■ **营养保健**：牛仔骨肉营养丰富，常食可强身健体。

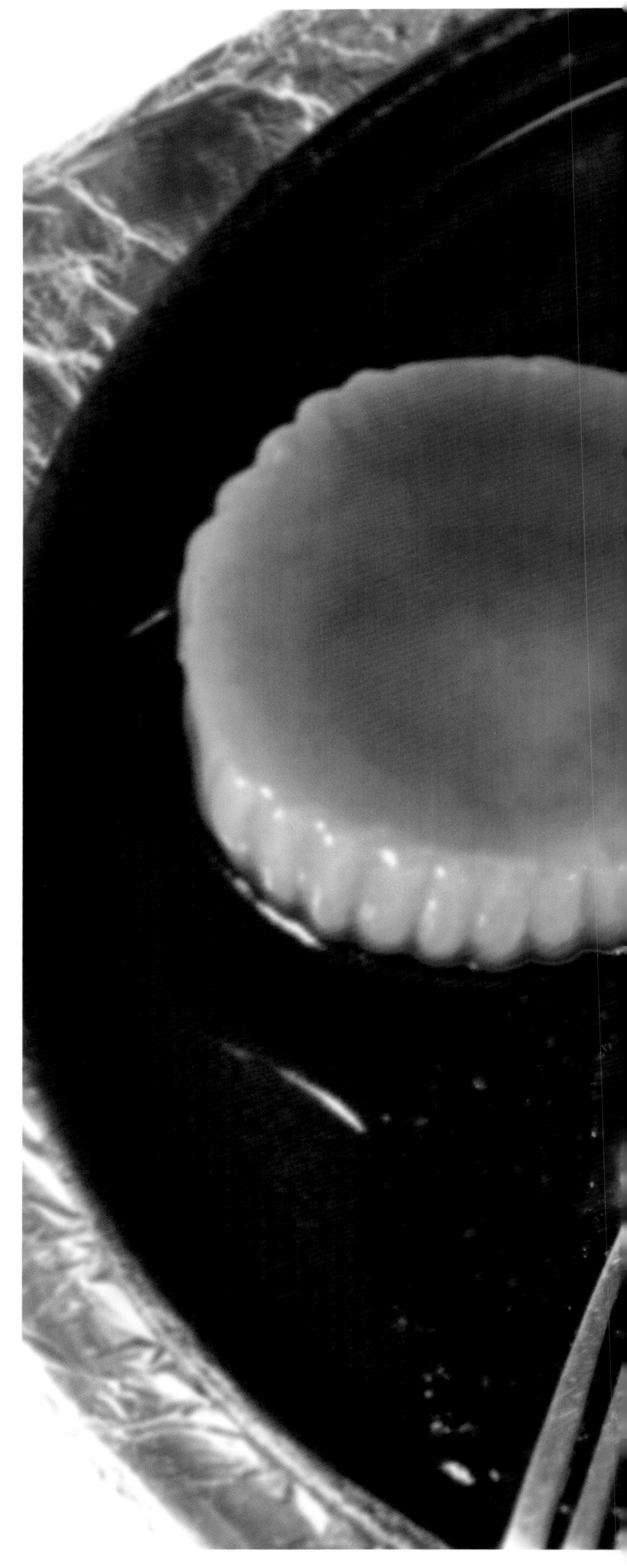

碧绿海鲜羹

■ **原　　料：** 菠菜、干贝、蟹肉、白金针菇、银杏等。

■ **烹制方法：** 菠菜汁加干贝丝、白金针菇丝、蟹肉丝、银杏烧入味，然后勾芡即可。

■ **味型特点：** 色泽碧绿，香气浓郁，口感滑爽。

■ **营养保健：** 含有多种营养成分，有助于降血压、降胆固醇，有强身健体的作用。

特色菜品

TE SE CAI PIN

辣酱牛肉

■ 原　　料：牛里脊肉，芫荽等。

■ 烹制方法：牛肉卤熟、切片，淋麻辣汁装盘即成。

■ 味型特点：麻辣味突出，肉质鲜香。

■ 营养保健：牛肉味甘性，入脾胃经，有益气血、强筋健骨的功效。

香荽耳根

■ **原　　料**：折耳根，芫荽、煳辣椒、葱等。

■ **烹制方法**：将折耳根洗净，选其肥嫩根部掐成长约一寸的段，洗净后用食盐腌一下，加芫荽、葱、煳辣椒冲入热油拌匀装盘即可。

■ **味型特点**：咸鲜香辣，脆嫩可口。

■ **营养保健**：折耳根又名“鱼腥草”，有清热解毒、利尿消肿、开胃理气等功用，是一道开胃佳肴。

苗家蕨菜

■ 原　　料：蕨菜、水豆豉，苦蒜、芫荽、葱等。

■ 烹制方法：将蕨菜汆水加工成段，然后加苦蒜、葱花、水豆豉拌匀即可。

■ 味型特点：鲜嫩滑爽，豉香味浓。

■ 营养保健：蕨菜又名“龙须菜”，具有安神、降压、利尿、解毒、逐湿、驱虫等功效，素有“山菜之王”的美誉。贵州蕨菜多为野生，因质量优良且无污染，近年来受到国内外市场的欢迎。

香辣脆笋

■ **原　　料：** 扁尖笋，红油、葱花等。

■ **烹制方法：** 将笋子切片，汆水后加红油拌入味即可。

■ **味型特点：** 笋子脆嫩，辣香适口。

■ **营养保健：** 富含多种氨基酸、维生素和微量元素，具有开胃助食、生津消痰、爽口减肥等功效。

风味萝卜皮

- **原　　料**：心里美萝卜，花生米、芫荽、葱等。
- **烹制方法**：将萝卜取皮切丁，然后加芫荽、葱、花生米拌匀。
- **味型特点**：口感麻辣香脆，色泽艳丽。
- **营养保健**：有开胃助食、生津消痰、爽口减肥等功效。

尖椒豇豆

■ 原　　料：豇豆、尖椒等。

■ 烹制方法：豇豆切节汆熟，冰镇后加尖椒碎末和调料拌匀。

■ 味型特点：色泽碧绿，青辣可口。

■ 营养保健：豇豆提供了易于人体消化吸收的优质蛋白质、适量的碳水化合物及多种维生素、微量元素等，可补充机体的营养素。

天麻炖乌鸡

■ **原　　料**：乌鸡、天麻等。

■ **烹制方法**：乌鸡汆水后放入汤锅，加切片的天麻，用小火炖至熟烂后调味即可。

■ **味型特点**：汤清味鲜，肉质软嫩。

■ **营养保健**：乌鸡有舒经活血、调节内分泌等功效，对女性大有益处。乌鸡血有很好的滋补作用，所以制作时乌鸡不要放血。用天麻炖过的乌鸡，没有怪味；同时，天麻对头痛、头昏、眩晕、偏头痛等症有较好的治疗作用。

贵州老鸭汤

■ **原　　料**：贵州土鸭，竹荪、泡萝卜等。

■ **烹制方法**：将鸭子洗净氽水后放入汤煲内，加竹荪、泡萝卜、清汤用小火煨炖即可。

■ **味型特点**：汤酸醇、味厚，鸭肉炽糯。

■ **营养保健**：此道菜品老少皆宜，老土鸭是暑天的滋补佳品。鸭肉性偏凉，有补血行水、养胃生津和滋五脏之阳、清虚劳之热的功效。

酸辣鲳鱼

■ **原　　料**：鲳鱼，酸豇豆、干辣椒等。

■ **烹制方法**：鲳鱼炸熟烧透、腌制、装盘，淋上用酸豇豆、干辣椒面等调成的酸辣汁即可。

■ **味型特点**：色泽红亮，酸辣浓郁。

■ **营养保健**：鲳鱼含有丰富的不饱和脂肪酸，有降低胆固醇的功效；还含有丰富的硒和镁，对冠状动脉硬化等心血管疾病有预防作用，并能延缓机体衰老，预防癌症的发生。

锅巴飘香鸡

■ **原　　料：**鸡肉、锅巴，芝麻、蒜苗等。

■ **烹制方法：**鸡肉在油锅中炸熟，加调料炒成酸甜味，淋在用油炸好的锅巴上即可。

■ **味型特点：**酸甜可口、酥香脆嫩。

■ **营养保健：**营养又易于消化，有健脾开胃的作用。

■ **原　　料**：仔排骨、糯米、风肉等。

■ **烹制方法**：将腌制好的排骨放入笼内，加糯米饭、风肉上笼蒸熟，撒上花生仁、葱花即可。

■ **味型特点**：香糯可口，排骨回味悠长。

■ **营养保健**：此菜营养丰富，老少皆宜，有补中益气的功效。

风味烤鱼

■ **原　　料**：草鱼，辣椒、香葱、蒜末等。

■ **烹制方法**：将草鱼改刀成块，加调料腌入味后烤熟，淋上自制辣椒酱即可。

■ **味型特点**：辣椒酱味醇厚，鱼肉口感细嫩。

■ **营养保健**：烤鱼含有维生素A、D、E和钙、磷、钾等矿物质，以及叶酸、泛酸、烟酸等，常吃可使皮肤润泽，头发健康，还有利于保持身材。

酸汤狮子头

■ **原　　料**：五花肉、豆腐，香菇、笋子、瓢儿菜等。

■ **烹制方法**：将五花肉、香菇、笋子切丁做成丸子煨熟装盘，豆腐蒸熟垫底，用瓢儿菜围边，淋上酸汤即可。

■ **味型特点**：软嫩可口，酸香味醇。

■ **营养保健**：鲜嫩爽滑的狮子头配上苗家酸汤后，更能体现出肥而不腻、鲜香味美的特点，还具备开胃健脾、促进消化的功能。

石锅野生菌

■ **原　　料**：茶树菇、白玉菇、香菇、无锡笋、银杏、青红尖椒、五花肉、豆豉等。

■ **烹制方法**：把茶树菇、白玉菇、香菇、无锡笋切条，汆水捞出，石锅烧热，放五花肉丝、青红尖椒、豆豉煸炒，放各种原料、调味汁拌匀即可。

■ **味型特点**：鲜香脆嫩，色泽亮丽。

■ **营养保健**：石锅取材于川藏地区的一种青石，其含有的天然矿物质与微量元素溶入菜中，能清火温胃、去毒养颜。野生菌营养价值很高，有防癌、抗癌、提高机体免疫系统、保持完美体型和润泽肌肤的作用。

盐酸干烧鱼

■ **原料**：草鱼、盐酸菜，肉末、蒜蓉等。

■ **烹制方法**：草鱼去骨切块炸熟，用盐酸菜和蒜等调料烧入味装盘即成。

■ **味型特点**：肉质滑嫩，盐酸味浓。

■ **营养保健**：用独山盐酸菜和草鱼烧制，既有浓郁的盐酸菜香，又有草鱼鲜美的味道，营养价值高。

宫保魔芋

■ **原　　料**：魔芋，银杏、笋子、辣椒、蒜苗等。

■ **烹制方法**：魔芋切丁加银杏、笋子、辣椒等辅料，下调料炒匀装盘即成。

■ **味型特点**：魔芋软嫩，辣香味浓。

■ **营养保健**：魔芋营养丰富，是目前发现的最好的可溶性（水溶性）膳食纤维，含有多种维生素和钾、磷、硒等矿物质元素，还含有人体所需要的魔芋多糖，具有低热量、低脂肪和高膳食纤维的特点，有减肥健身、治病抗癌等功效。

香辣红薯粉

■ **原　　料：** 红薯粉，香菜、葱花、肉末等。

■ **烹制方法：** 将红薯粉煮熟装碗，加入香辣汁和自制肉酱，撒上葱花、香菜即可。

■ **味型特点：** 香辣味厚，滑软可口。

■ **营养保健：** 富含膳食纤维，生物类黄酮，维生素C、维生素B_1、钾、胡萝卜素等营养元素，有助于预防或缓解心血管疾病。

布依牛干巴

■ 原　　料：牛干巴，土豆片、花生仁、芹菜、阴辣椒等。

■ 烹制方法：牛干巴切片，蒸熟炒香；土豆切片，过油炸熟。将阴辣椒煸炒，放芹菜炒香，下牛干巴、土豆片加调料翻炒均匀即可。

■ 味型特点：香辣脆酥。

■ 营养保健：本品口感脆嫩，香辣适中，风味突出。牛肉还有补中益气、滋养脾胃、强健筋骨等功效。

冬笋炒风肉

■ **原　　料**：风肉，笋子、干辣椒、蒜苗等。

■ **烹制方法**：将风肉、笋子切片过油，加干椒蒜苗调味炒匀装盘。

■ **味型特点**：质嫩味鲜，清脆爽口。

■ **营养保健**：冬笋是一种富有营养价值并具有医药功能的美味食品，质嫩味鲜，清脆爽口，含有蛋白质和多种氨基酸、维生素，以及钙、磷、铁等微量元素以及丰富的纤维素，能促进肠道蠕动，既有助于消化，有能预防便秘和结肠癌的发生。

香炒小米菇

■ **原　　料：**小米菇，青红椒、番茄等。

■ **烹制方法：**将水发好的小米菇加青红椒、番茄等下调料炒匀装盘即成。

■ **味型特点：**清香爽口，香辣适口。

■ **营养保健：**此道菜品是一款营养味美的佐酒佳肴，含有蛋白质、维生素、纤维素、碳水化合物以及钙、磷、铁、糖等多种营养物质。

铁板风味豆腐

■ **原　　料**：臭豆腐，鲜笋、干辣椒等。

■ **烹制方法**：将鲜笋、干辣椒加调料炒熟，放在铁板中，摆上臭豆腐进烤箱烤熟，撒上辣椒面和葱花即可。

■ **味型特点**：豆腐细嫩，香辣味浓。

■ **营养保健**：臭豆腐含有酵母、植物性乳酸菌和高浓度的植物杀菌物质，有增进食欲、促进消化的功效。臭豆腐还含有大量维生素B_{12}，对预防老年痴呆症有积极作用。臭豆腐中饱和脂肪含量低，不含胆固醇，还含有大豆中特有的保健成分——大豆异黄酮，被称为中国的“素奶酪”，营养价值比奶酪还高。

竹筒糯米鸡

■ **原　　料**：土鸡肉、糯米饭，香菇、冬笋等。

■ **烹制方法**：将鸡肉、香菇、冬笋加调料炒香，糯米饭拌匀放入竹筒内，上笼蒸熟装盘，撒葱花即可。

■ **味型特点**：色泽红亮，糯香味醇。

■ **营养保健**：竹筒的清香浸透鸡肉和糯米中，鲜美清香。糯米营养丰富，为温补强壮食品；鸡肉含有丰富的蛋白质，可增强体质，又不会使人过度肥胖；特别是土鸡，具有营养丰富、滋阴补肾之功效。

青椒童子鸡

■ **原　　料**：仔公鸡，青椒、野山椒、大蒜等。

■ **烹制方法**：将仔鸡砍成块状过油，下青椒等配料翻炒，然后加入鸡块、大蒜、料酒、盐等调料和少许清汤烧入味即成。

■ **味型特点**：肉质粑糯，辣香味醇。

■ **营养保健**：此道菜品是黔味名菜，香辣可口。选用的仔鸡肉比老鸡含有更多的蛋白质，含弹性结缔组织极少，易被人体的消化器官所吸收，有增强体力、强壮身体的作用。

豉香炒饭

■ **原　　料**：泰国香米，青红椒、豆豉鱼、榨菜等。

■ **烹制方法**：将青红椒、豆豉鱼、榨菜在锅内炒香，然后下入米饭翻炒，调味装盘即可。

■ **味型特点**：豉香味浓，软滑糯香。

■ **营养保健**：该特色主食营养丰富。

酸汤玉米面

■ **原　　料**：玉米面条、凯里酸汤等。

■ **烹制方法**：玉米面条煮熟装碗，加入凯里酸汤调料、葱花即可。

■ **味型特点**：汤鲜色红，酸鲜可口，风味独特。

■ **营养保健**：酸汤有开胃爽口的作用，其中还富含多种人体需要的营养成分，有养颜、健胃、延年、益寿之功效。

青菜烧麦

■ 原　　料：青菜、面粉等。

■ 烹制方法：将青菜切碎，加调料拌匀，用面粉皮包成烧卖，蒸5分钟即可。

■ 味型特点：皮薄馅绿，香鲜细嫩。

■ 营养保健：有美颜瘦身的作用。

土豆丝饼

■ 原　　料：土豆丝、糯米粉等。

■ 烹制方法：将土豆丝加糯米粉拌匀，入模具成形，下锅炸成金黄色装盘即可。

■ 味型特点：外形美观，清香爽口。

■ 营养保健：有健脾利湿、解毒消炎、降糖降脂、益气强身、美容塑身等功效。

花江狗肉火锅

■ **原　　料**：带皮狗肉，生姜、砂仁、花椒粉、鱼香菜、芫荽等。

■ **烹制方法**：炖熟的带皮狗肉切成3厘米见方的薄片，下入烧开的原汁狗肉汤砂锅中，加入少许姜片、蒜片、鱼香菜、芫荽、葱节、胡椒粉、花椒粉、砂仁、味精等调料使其入味。取小碗（每人1个）放适量煳辣椒面和多种调味品制成蘸料，用烧烫的狗肉汤浇入其中蘸食即成。

■ **味型特点**：汤汁清爽鲜美，皮肉软糯细嫩，蘸食麻辣香浓。

■ **营养保健**：狗肉对高血压患者有降压之功能，对年迈体弱，小儿尿床症效果最好。一般人冬天吃了狗肉可增加热量，夏天吃了狗肉可降热。体壮者强身，体弱者补气，男女老幼皆宜。

小贴士

花江狗肉源于贵州省关岭布依族苗族自治县花江镇，是一种闻名全国的风味小吃。其烹饪方法很独特，原料、加工过程、配料也非常讲究。做花江狗肉时，要选择30斤左右的成年土公狗做原料，以保证肉肥瘦均匀、嫩而不老。还要添加贵州本地的花椒、生姜、陈皮、八角、山柰、砂仁、薄荷草等作料和去掉狗的土腥味的药草。

KWEICH

苗岭酸汤鱼

■ **原　　料**：鲜鱼、凯里红酸汤，豆腐、酸菜、番茄、黄豆芽、榨菜、木姜子油等。

■ **烹制方法**：将鲜鱼加辅料和调好的酸汤烧入味即可。

■ **味型特点**：鱼肉鲜嫩，滑而不腻，酸香味厚。

■ **营养保健**：该菜滋补营养，有养颜美容、解暑提神、杀菌消毒、生津开胃、帮助消化、预防结石的功效。

小贴士

酸汤鱼是贵州黔东南传统名菜，是苗家创制的招待贵客的必备佳肴，有浓郁的苗族风味。吃酸汤鱼时佐以辣椒、蘸水，口感更胜一筹。如今，酸汤鱼流行省内外，2006年，被评为贵阳十大名菜。

银杏宫保鸡丁

小贴士

此菜由驰名中外的黔味传统名菜宫保鸡演变而来。宫保鸡的创始人为贵州织金人丁宝桢，咸丰进士，历任山东巡抚、四川总督等职，因偏爱辣鸡，常以此家乡菜宴请宾客。后人因其官拜少保（又称宫保），所以借用“宫保”之名，为这道菜取名宫保鸡。

■ **原　　料**：仔公鸡、银杏，蒜苗、糍粑辣椒、甜酱等。

■ **烹制方法**：将仔公鸡肉打花刀切丁腌制，过油爆熟后备用。放糍粑辣椒、甜酱，下鸡丁、调料、银杏、蒜苗翻炒均匀，起锅装盘即成。

■ **味型特点**：肉质滑脆，辣香味浓。

■ **营养保健**：鸡肉蛋白质的含量比例较高，种类多。成菜后，消化率高，很容易被人体吸收利用，有温中益气、补精添髓、补虚益智的作用。

青岩豆腐

■ **原　　料**：青岩豆腐，青红椒、西红柿等。

■ **烹制方法**：青岩豆腐、青红椒、西红柿等切条，将青岩豆腐过油后下青红椒、西红柿等，加调料翻炒均匀，装盘即可。

■ **味型特点**：绵滑咸香，软嫩可口。

■ **营养保健**：此菜老幼皆宜，营养丰富，有消食化气之功效。

小贴士

此菜为2006年评定的贵阳十大名菜之一。青岩豆腐为地方特产，细腻、松泡，易入味。炒肉、凉拌、红烧、煮汤，均为佳肴。

泡椒板筋

■ **原　　料**：猪板筋，泡椒、蒜苗等。

■ **烹制方法**：板筋切细条腌制入味，过油爆熟后，加泡椒、蒜苗等调味，翻炒起锅装盘即成。

■ **味型特点**：色泽红亮，酸辣爽口，滑脆鲜嫩。

■ **营养保健**：板筋与泡椒同炒，有营养丰富、健胃消食等功效。

小贴士

此菜为以独特的选料方法烹制的特色菜肴，2006年被评为贵阳十大名菜之一。

■ **原　　料**：折耳根、腊肉，干辣椒、蒜苗等。

■ **烹制方法**：腊肉切片过油，加干辣椒、折耳根节、调料、蒜苗翻炒均匀装盘即可。

■ **味型特点**：折耳根绵中带脆，腊肉香醇微辣。

■ **营养保健**：折耳根，又名鱼腥草，有特异气味，含有蛋白质、脂肪和丰富的碳水化合物，同时含有甲基正壬酮、羊脂酸和月桂油烯等，可入药，具有清热解毒、利尿消肿、开胃理气等功用。折耳根和腊肉烹制，腊肉的美味和折耳根的异香浑然一体，是很好的下饭菜。

小贴士

此菜为贵阳人情有独钟的一道美味佳肴，2006年被评为贵阳十大名菜之一。

青岩猪手

■ **原　　料**：猪手，八角、花椒、茴香、山柰、草果、桂皮等。

■ **烹制方法**：猪手汆水，卤熟即成。

■ **味型特点**：色泽红褐，香浓粑糯，肥而不腻，味道醇厚。吃时如辅以青岩特产的双花醋调制蘸汁，更是酸辣味美。

■ **营养保健**：猪手含有大量的胶原蛋白，能增强细胞生理代谢功能，延缓皮肤衰老。

小贴士

青岩猪手是贵阳十大名菜之一，又名“状元蹄”，清代光绪丙戌年殿试中荣获状元的贵州青岩贡士赵以炯年少时常去青岩北门街吃卤猪蹄，后人为纪念这位历史名人，称卤猪蹄为状元蹄。现在到古镇游览者，皆以品尝此蹄为快。

丝娃娃

■ **原　　料**：面粉，绿豆芽、海带丝、酸萝卜丝、大头菜丝、折耳根节、莴笋丝、芹菜节、蕨菜节、酥黄豆等。

■ **烹制方法**：用面粉做成直径两寸大小的春卷皮，将绿豆芽、海带丝、芹菜节、蕨菜节等汆水摆在盘中，小碗内放入酱油、醋、味精、香油、姜末、葱花、煳辣椒面兑成煳辣椒汁。春卷皮包成的上大下小的兜形，放入各种素菜丝，放入酥黄豆，用小勺浇上煳辣椒汁即可。

■ **味型特点**：素菜脆嫩，酸辣爽口。

■ **营养保健**：含有丰富的维生素、蛋白质、水以及少量的脂肪和糖类，有开胃生津、塑身美容的作用，特别是丝娃娃中的各种蔬菜往往含有大量的纤维素，可及时清除肠中的垢腻、保持身体健康，是喜爱美食又怕肥胖的女士极佳的选择。

小贴士

丝娃娃又有“素春卷”的雅称，是一种贵阳街头最常见的小吃，因其颇似产房里初生婴儿被裹在“襁褓”中而得名。2006年被评为贵阳八大名小吃之一。

恋爱豆腐果

原　　料：酸汤豆腐，折耳根、苦蒜等。

烹制方法：将发酵好的豆腐烤至两面金黄、内嫩、盈泡、膨胀后备用。折耳根、苦蒜切碎装入碗中，加酱油、味精、香油、花椒粉、煳辣椒面、姜末、葱花拌匀成蘸水。把豆腐划破侧面成口，用小勺倒入拌好的蘸水即可。

味型特点：外脆内嫩，皮薄爽滑，香辣开胃。

营养保健：豆腐是含蛋白质比较高的植物食品，具有益气、补虚等多方面的功能。做成烤豆腐果后，还有开胃生津、减肥美容的作用。

小贴士

恋爱豆腐果是一种风靡贵州的大众小吃，是贵阳八大名小吃之一，系抗战时贵阳彭家桥附近的张氏夫妇所创。当时张家豆腐果生意极好，而食客中又以青年男女居多，许多人由吃豆腐果发展出感情，故遂此名。而豆腐果的滋味就像恋爱一样，甜酸香辣烫诸味陈杂，让人难以舍弃。

绿豆珍珠汤

■ **原　　料：**绿豆、糯米粉、白糖等。

■ **烹制方法：**将糯米粉做成小丸子煮熟与煨好的绿豆同煮。

■ **味型特点：**糯香甜醇。

■ **营养保健：**此道小吃性凉味甘，有消暑止渴、解毒清心、利尿下气的作用，是很好的消暑食品。

豆面糍粑

■ 原　　料：糍粑、黄豆面，白糖等。

■ 烹制方法：将糍粑切成块状，用油炸黄，裹上黄豆面，撒上白糖即可。

■ 味型特点：色泽金黄，香甜适口。

■ 营养保健：本道小吃具有温暖脾胃、补益中气等作用。

小贴士

糍粑是用熟糯米搅拌成泥制作而成，是贵州许多地方流行的美食，人们习惯于在春节前制作，象征丰收、喜庆和团圆，是过年必备之品。

肠旺面

■ **原　　料**：手工鸡蛋面、肥肠、脆哨、血旺，绿豆芽、葱花等。

■ **烹制方法**：面条煮熟装碗，加辅料、调料，淋红油、撒葱花即可。

■ **味型特点**：汤鲜红亮，面条脆滑，肉哨香脆，肠旺鲜嫩，香辣味浓。

■ **营养保健**：本品含有丰富的蛋白质、脂肪和碳水化合物等。易于消化吸收，有改善贫血、润燥补虚、增强免疫力，平衡营养吸收等功效。

小贴士

肠旺面作为贵州名小吃已有100多年历史，以选料讲究、配料丰富、工艺精细、风味独特的特点和"肠旺"二字寓意着平凡生活中也能"常旺"的美意而备受欢迎。2006年被评为贵阳八大名小吃之一。

豆腐圆子

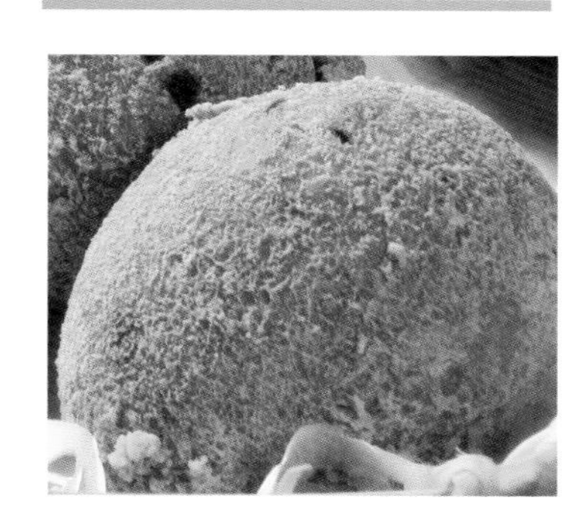

■ **原　　料**：酸汤豆腐、酸萝卜、折耳根、辣椒面、芫荽、香菜等。

■ **烹制方法**：酸汤豆腐压蓉加调料做成豆腐丸，下油锅炸制成金黄色装盘，配上煳辣椒、酱油、葱花、香油、酸萝卜、折耳根等调成的蘸水即可。

■ **味型特点**：外壳褐黄酥脆，内瓤质嫩欲滴，芳香四溢，馨香爽口。

■ **营养保健**：具有益气、补虚、开胃等功能。

小贴士

此道菜品常见于贵阳的街头巷尾，已有100多年的历史，2006年被评为贵阳八大名小吃之一。

豆沙窝

■ **原　　料**：糯米、红芸豆，葱花等。

■ **烹制方法**：糯米浸泡蒸熟后舂至半蓉备作皮料；红芸豆煮至炽烂后压成泥，加盐、味精、花椒粉、姜末、葱花拌成馅，糯米皮包入馅心，将皮对折合拢，捏成深窝形，放入油锅中炸至金黄，捞出装盘即可。

■ **味型特点**：色泽金黄，外酥内软，糯香爽口。

■ **营养保健**：此菜点外脆里糯，可甜可咸，老少皆宜，是一种高钾低钠食品，豆沙中还含有皂苷、尿毒酶和多种球蛋白，能有效提高人体免疫力。

小贴士

豆沙窝是一种贵阳街头常见的油炸糯食，人们常作早点食用，2006年被评为贵阳八大名小吃之一。

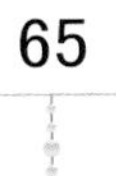

红油米豆腐

小贴士

此道小吃是贵阳传统名小吃，历史悠久，曾荣获全国首届“中华名小吃”称号。

■ **原　　料**：米豆腐，酸萝卜、黑大头菜、黄豆、油辣椒等。

■ **烹制方法**：将切好的米豆腐装入碗内，放上酸萝卜、黑大头菜、黄豆淋上油辣椒和调料，撒上葱花即可。

■ **味型特点**：色泽红亮，酸辣爽口。

■ **营养保健**：有清凉解暑、开胃生津的作用。

红烧牛肉粉

■ **原　　料：** 牛肉、米粉，酸莲白、芫荽、葱花、油辣椒等。

■ **烹制方法：** 米粉煮熟装碗，放牛肉汤和加工好的牛肉、酸莲白、芫荽、葱花、油辣椒即可。

■ **味型特点：** 汤鲜味厚，鲜香可口。

■ **营养保健：** 此道小吃富含多种人体需要的营养成分，有利于身体健康，有养颜、健体之功效。

小贴士

牛肉粉系贵阳十大名小吃之一，注重口感，风味独特。其牛肉精选优质黄牛肉，配以若干名贵香料，经炒、红烧、炖等工序精心制作而成，色、香、味一应俱全，汤料更具特色，需多种天然香料熬制而成。食后唇齿留香。油辣椒也是一绝，它精选花溪、遵义辣椒，经过炒制、油滚等工序制作而成，没有糍粑辣椒的油腻感，又有传统煳辣椒的清香味。

黄　粑

■ **原　　料**：糯米、大米、黄豆，红糖等。

■ **烹制方法**：将大米、黄豆淘净，长时间浸泡后磨成浓浆盛入缸内，糯米淘洗干净长时间浸泡后上锅蒸至七分熟备用。把打好的米浆和蒸好的糯米加融化的红糖拌匀，水分被糯米饭完全吸收后，将糯米饭搓打成饭团，用竹叶或粽叶包起捆紧，上甑不停火不断水地长时间蒸煮，出笼后剥去叶片，切片装盘即可。

■ **味型特点**：黄褐清亮，香味浓郁，甜而不腻。

■ **营养保健**：营养丰富，味甘性温，有补中益气的功效，是老幼皆宜的大众食品。

小贴士

黄粑又名黄糕粑，是贵州颇有特色的黔味食品，为贵阳八大名小吃之一，既可直接食用，也有炸、煎、烤、烙、炒等食法。

创新荟萃

CHUANG XIN HUI CUI

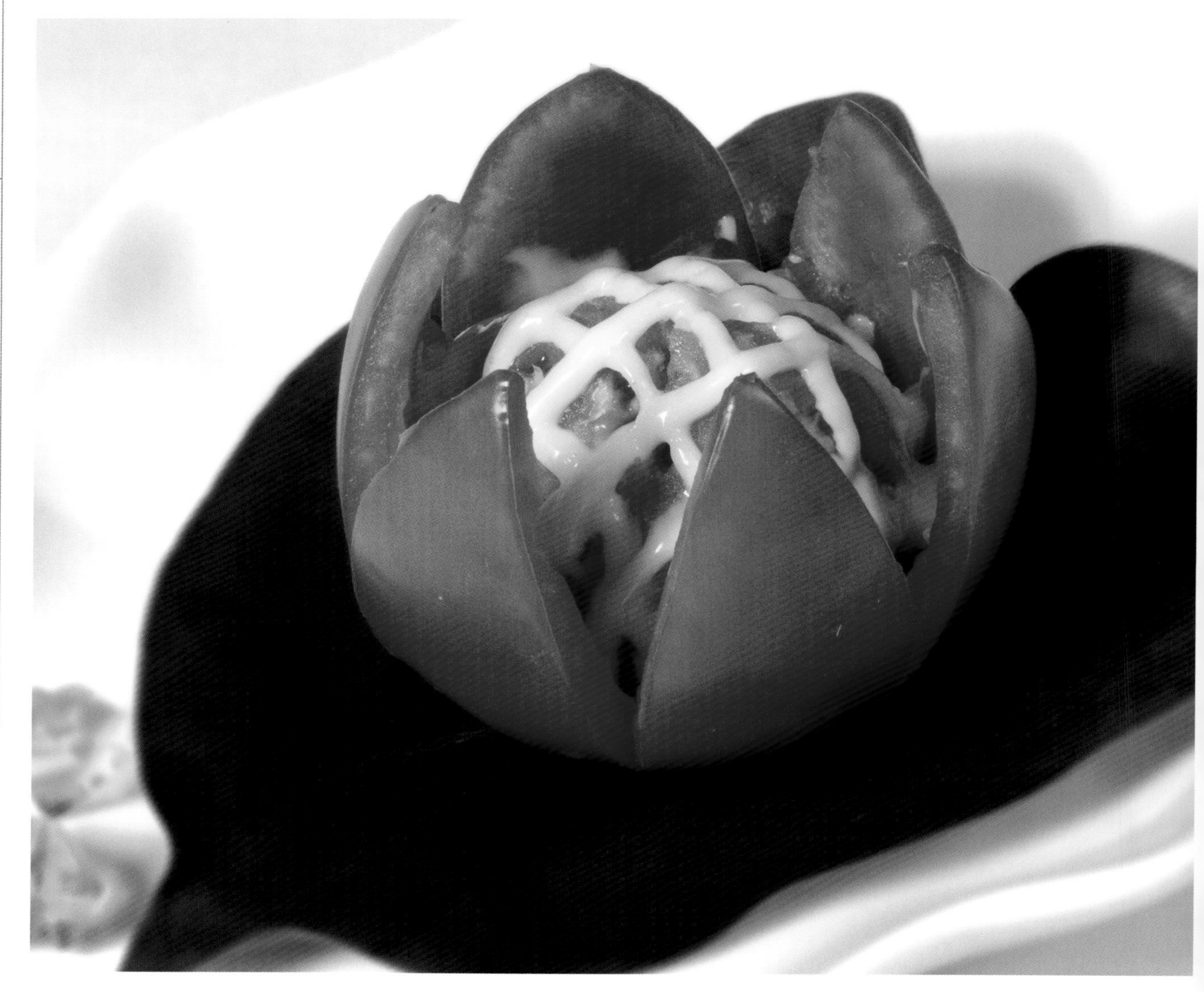

蜜汁番茄

■ **原　　料**：番茄（西红柿）、蜂蜜等。

■ **烹制方法**：西红柿做成花型装盘，淋上蜂蜜即成。

■ **味型特点**：口感清爽，甜而不腻。

■ **营养保健**：番茄含有丰富的胡萝卜素和多种维生素，尤其维生素P的含量为蔬菜之冠。因性甘酸、微寒，具有生津止渴、健胃消食、清热解毒、凉血平肝、补血养血和增进食欲的功效。

桂花山药

■ **原　　料：**山药、桂花糖等。

■ **烹制方法：**将山药汆熟切条，淋上桂花糖即可。

■ **味型特点：**色泽洁白，香甜爽口，桂花味浓。

■ **营养保健：**山药具有健脾固肾、生津益肺、补肾涩精的功效，食之能强壮身体，益寿延年。本道菜品山药和暖胃又散寒的桂花相配，具有双重的养胃功效。

冷吃圆蹄

■ **原　　料**：咸蹄髈，拉皮、花生米、葱花等。

■ **烹制方法**：拉皮切条垫盘底，将咸蹄髈蒸粑，裹紧冷藏后切片装盘，淋上红油汁，撒上花生米和葱花即可。

■ **味型特点**：肉质鲜嫩，香辣可口。

■ **营养保健**：猪蹄中的胶原蛋白能有效改善机体生理功能和皮肤组织细胞的储水功能，防止皮肤过早褶皱，延缓皮肤衰老；猪蹄对四肢疲乏、腿部抽筋、消化道出血、失血性休克及缺血性脑病患者有一定辅助疗效，还有助于青少年生长发育和减缓中老年妇女骨质疏松的速度。

盐酸鳗丁

■ **原　　料**：海鳗、盐酸菜，花生等。

■ **烹制方法**：海鳗切丁炸熟，加盐酸菜和调料，炒匀入味后装盘即成。

■ **味型特点**：盐酸味浓，微辣鲜香。

■ **营养保健**：海鳗有很高的滋补价值，含有丰富的优质蛋白和人体必需的氨基酸；鱼肉中富含维生素A和维生素E，对于预防视力退化、保护肝脏、恢复精力有很大益处；脂肪中所含的磷脂，为脑细胞不可缺少的营养素。另外，海鳗还含有被称为“脑黄金”的DHA及EPA，有预防心血管疾病的作用。

爽口洋葱

■ **原　　料**：洋葱、红椒等。

■ **烹制方法**：将洋葱、红椒切丁后加调料拌匀装盘。

■ **味型特点**：爽脆酸甜。

■ **营养保健**：此道菜品有健胃理气、降压、降血脂等功效，常佐餐食，可防治胃肠病、高血压、高血脂等症。

美极蒜结

■ 原　　料：蒜薹、辣椒等。

■ 烹制方法：将蒜薹氽水冰镇后，打成结，拌上美极味汁和辣椒圈装盘即成。

■ 味型特点：美极味浓，香脆爽口。

■ 营养保健：蒜薹含有多种维生素、糖类、粗纤维、胡萝卜素、尼克酸、钙、磷等营养成分，其中的大蒜素和辣素能抑制和杀死病原菌和寄生虫，有预防和治疗流感、痔疮、便秘的作用。

酸奶山药球

■ **原　　料：** 山药，沙拉酱、酸奶等。

■ **烹制方法：** 将山药蒸熟打蓉，加沙拉酱拌匀，加工成球，淋上酸奶即成。

■ **味型特点：** 山药软滑，奶香味浓。

■ **营养保健：** 山药是一种高营养、低热量的食品，含有足够的纤维，食用后就会产生饱胀感，从而控制进食欲望，是一种天然的纤体美食。

小贴士

此道菜品是一道口味酸甜细滑、营养丰富、深得人们喜爱的餐前冷盘。

芥味黄瓜

■ **原　　料**：黄瓜，沙拉酱、芥末等。

■ **烹制方法**：将黄瓜修成圆形，挖去内瓤，挤上芥末、沙拉酱即成。

■ **味型特点**：形状美观，芥味浓香。

■ **营养保健**：常吃黄瓜对减肥和预防冠心病有很大的好处，此外，黄瓜还能清热利尿、预防便秘。芥末能增强人的食欲，对预防癌症、防止血管凝块、辅助治疗气喘等有一定的效果；芥末还有防止高血脂、高血压、心脏病和减少血液黏稠度、美容养颜等功效。

杏香马蹄鳖

■ 原　　料：小甲鱼，竹荪、银杏、蒜子等。

■ 烹制方法：将小甲鱼熟处理后，加入竹荪、银杏、蒜子、高汤一起炖熟。

■ 味型特点：汤鲜味厚，甲鱼软糯。

■ 营养保健：甲鱼肉能有效地预防和抑制多种癌症，并用于防治因放疗、化疗引起的虚弱、贫血、白细胞减少等症；甲鱼亦有较好的净血作用，常食者可降低血胆固醇，因而对高血压、冠心病患者有益，并有“补劳伤，壮阳气，大补阴之不足”的作用。

酥皮烧鸭羹

■ **原　　料**：烤鸭肉、牛肉，酥皮等。

■ **烹制方法**：将烤鸭肉末、牛肉末烧成羹，加调料放入炖盅内，然后用酥皮盖在炖盅上，刷上蛋黄液，放入烤箱，烤12分钟即可。

■ **味型特点**：鲜香可口，酥香软嫩。

■ **营养保健**：此羹具有滋阴养胃、利水消肿的功效，营养价值很高。

炭烤羊排

■ **原　　料：** 新西兰羊排，洋葱、卤料等。

■ **烹制方法：** 将羊排卤熟，烤呈金红色时装盘，将洋葱圈挂脆浆炸熟配盘即可。

■ **味型特点：** 色泽红亮，香味醇正。

■ **营养保健：** 羊排含有很高的蛋白质和丰富的维生素，易消化，多吃羊肉能提高身体素质、提高免疫力。

养生菌王汤

■ **原　　料**：羊肚菌、松茸菌、香菇等。

■ **烹制方法**：将羊肚菌、松茸菌、竹香菇等加入矿泉水炖制 4 小时后调味。

■ **味型特点**：汤质清爽，菌香浓郁。

■ **营养保健**：具有营养丰富、强身健体的功能。

木瓜蟹肉

■ 原　　料：蟹肉、木瓜，西芹、洋葱、银杏等。

■ 烹制方法：将木瓜去皮去籽切成环状上笼蒸熟，蟹肉加西芹、洋葱、银杏等烧入味淋在木瓜内即成。

■ 味型特点：外形美观，奶香浓厚。

■ 营养保健：木瓜又名“万寿瓜”，含有丰富的维生素，半只木瓜便能提供人体整天所需的维生素C。木瓜与蟹肉搭配，为一款祛湿和胃、清润滋补的佳肴。

金丝扇贝

■ 原　　料：扇贝、土豆丝、沙拉酱等。

■ 烹制方法：扇贝肉切片腌制过油，拍粉炸熟，裹上沙拉酱，再裹土豆丝装盘即可。

■ 味型特点：外酥里嫩，酥香味浓。

■ 营养保健：本道菜品具有滋阴补肾、和胃调中的功能，能治疗头晕目眩、咽干口渴、虚痨咳血、脾胃虚弱等症，常食有助于降血压、降胆固醇、补益健身。

红烧甲鱼

■ **原　　料**：甲鱼，香菇、蒜、葱、姜等。

■ **烹制方法**：甲鱼切块用葱、姜、料酒腌过，香菇一开二。锅上火注油，将葱、姜、蒜煸香，放酱油、料酒，再放汤与甲鱼，大火开锅后打去浮沫，改小火焖，放香菇，下调料烧至入味收汁，装盘即成。

■ **味型特点**：色泽红亮，肉质粑糯，味咸鲜香。

■ **营养保健**：甲鱼中含有的大量的胶原蛋白，有养颜美容的作用，还能提高免疫力，是一道既滋补又好吃的名菜。

酥皮芥味虾球

■ 原　　料：虾球、酥皮等。

■ 烹制方法：虾球过油，裹上芥味沙拉酱，装入炸熟的酥皮盅内即可。

■ 味型特点：虾肉脆爽，芥味浓郁。

■ 营养保健：虾球肉质松软，易消化，所含丰富的镁对心脏活动有重要的调节作用，和芥末搭配，能保护心血管系统，可减少血液中胆固醇含量，防止动脉硬化，同时还能扩张冠状动脉，有利于预防高血压及心肌梗死。

葱香烤鱼

■ **原　　料**：生鱼，香葱等。

■ **烹制方法**：生鱼加调料腌入味、用竹网与香葱夹好，然后加热至熟，装盘即成。

■ **味型特点**：葱香浓郁，鱼肉鲜嫩。并可按口味在出品时添加辣椒，或配制不同风味的酱碟。

■ **营养保健**：有去油腻、提味道、消食养胃的作用。

金针生菜包

■ **原　　料**：白金针菇、生菜，肉松、葱花等。

■ **烹制方法**：将金针菇拍粉挂脆浆糊炸熟，加肉松、葱花等配料拌匀，装入生菜内即成。

■ **味型特点**：香脆可口，风味突出。

■ **营养保健**：此道菜品能改善胃肠血液循环，促进脂肪和蛋白质的消化吸收；能清除肠内毒素，防止便秘；还能保护肝脏，防止胆汁淤积，有效预防胆石症和胆囊炎。另外，生菜可清除血液中的垃圾，具有血液消毒和利尿作用。

黔味茄子

■ **原　　料**：茄子，青红椒、肉末、花生米等。

■ **烹制方法**：茄子切块炸熟，加青红椒、肉末、花生米和调料下锅翻炒均匀，装盘即可。

■ **味型特点**：松软可口，香辣独特。

■ **营养保健**：茄子含有蛋白质、脂肪、碳水化合物、维生素以及钙、磷、铁等多种营养成分，皮中含有丰富的维生素E和维生素P，能保护心血管，延缓人体衰老。

山药乳香肉

■ **原　　料**：五花肉，山药、辣椒、蒜苗等。

■ **烹制方法**：五花肉烧入味，加山药、辣椒、蒜苗调味炒匀装盘即成。

■ **味型特点**：乳香味浓，肉质粑糯。

■ **营养保健**：山药是一种理想的减肥健美食品，高营养、低热量，能预防心血管系统的脂肪沉积，保持血管的弹性，防止动脉粥样硬化发生；同时减少皮下脂肪沉积。对于女性而言，山药含足够的纤维，食后有饱胀感，从而控制进食欲望，是天然的纤体美食。

香鱼拌面

■ **原　　料**：鲜鱼、日本伊面，肉末、花生末等。

■ **烹制方法**：将鱼切成块后腌制，上笼蒸熟装盘。将调制好的香辣汁淋在鱼上，撒上花生末、葱花，配上煮熟的伊面即可。

■ **味型特点**：鱼肉鲜嫩，酱香味醇。

■ **营养保健**：营养均衡全面，有改善贫血、增强免疫力、平衡营养等功效。

黄袍小米鲊

■ **原料**：小米鲊，冰糖柑等。

■ **烹制方法**：将小米鲊放入挖好的冰糖柑内，蒸熟装盘即可。

■ **味型特点**：色泽金黄，橙香适口。

■ **营养保健**：此道菜肴具有清热解渴、健胃除湿、和胃安眠、滋阴养血的功效。

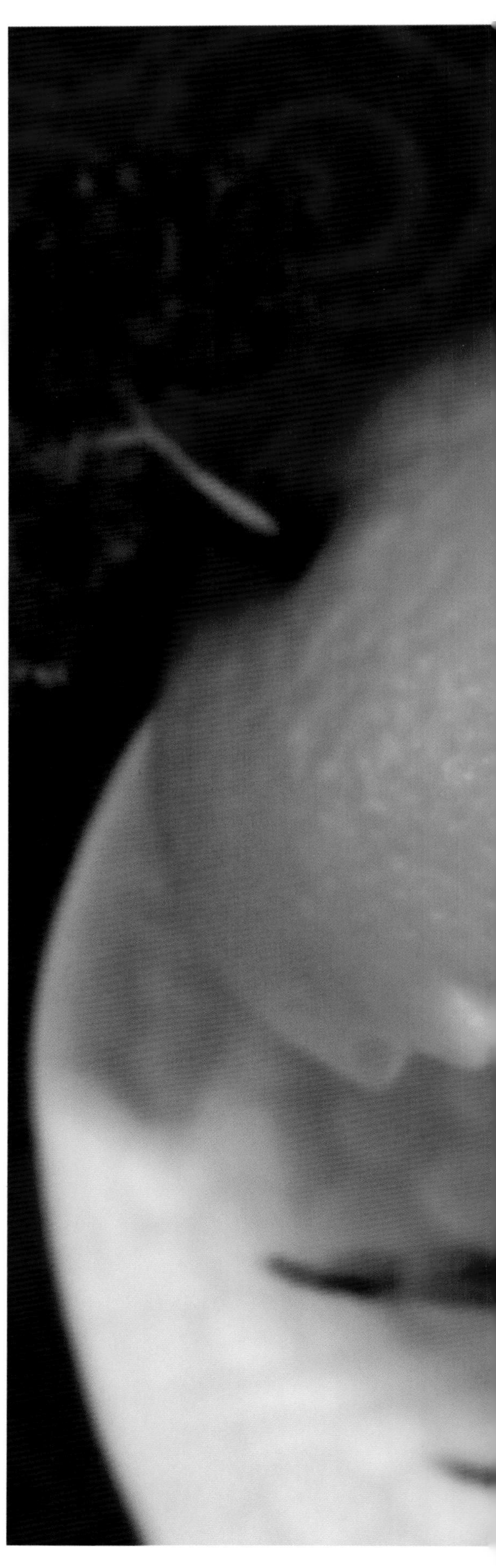

蒜香烧鱼

■ **原　　料**：桂鱼，泡椒、大蒜等。

■ **烹制方法**：桂鱼打上花刀，腌制、炸熟，用泡椒、大蒜等调料烧入味，装盘即成。

■ **味型特点**：蒜香味浓，鱼肉嫩滑。

■ **营养保健**：桂鱼肉质细嫩，极易消化，适合儿童、老人及体弱的人群食用；它的热量不高，而且富含抗氧化成分，是爱美女士极佳的选择。

冬瓜什菌

■ 原　　料：冬瓜，香菇、笋子、茶树菇、银杏等。

■ 烹制方法：冬瓜修成圆形蒸熟，香菇、笋子、茶树菇、银杏等辅料加调料烧入味，装入冬瓜内即可。

■ 味型特点：鲜香味醇，冬瓜炬软。

■ 营养保健：什菌，顾名思义就是各种菌类。此菜软炬鲜香，极富营养，尤其适合肥胖者、脑力工作者及失眠、“三高”等人群。

洋葱酱香肉

■ **原　　料**：五花肉、洋葱，青椒、红椒等。

■ **烹制方法**：五花肉切片，用海鲜酱、料酒、姜末等制成的酱料腌制后，油炸后改刀成小片与洋葱、青椒加调料一起翻炒起锅装盘而成。

■ **味型特点**：酱香味浓，肥而不腻，酥香爽口。

■ **营养保健**：洋葱有降血脂之功效，与酱香肉搭配营养丰富。

南瓜浸鲈鱼

■ **原料**：鲈鱼、南瓜等。

■ **烹制方法**：鲈鱼腌制，南瓜蒸熟打蓉，调成汁倒在盘中，鲈鱼用油浸熟，放在南瓜汁上即可。

■ **味型特点**：造型美观，外脆内嫩，咸香适中。

■ **营养保健**：鲈鱼富含蛋白质、维生素A、B族维生素、钙、镁、锌、硒、铜等营养元素，具有健脾、补气、益肾、补血、安胎之效。南瓜则铁、钙、胡萝卜素含量较高，能补中益气、消炎止痛、解毒杀虫、降糖止渴、减肥消脂。两者搭配，是一种既强身又不会造成营养过剩而导致肥胖的营养食物。

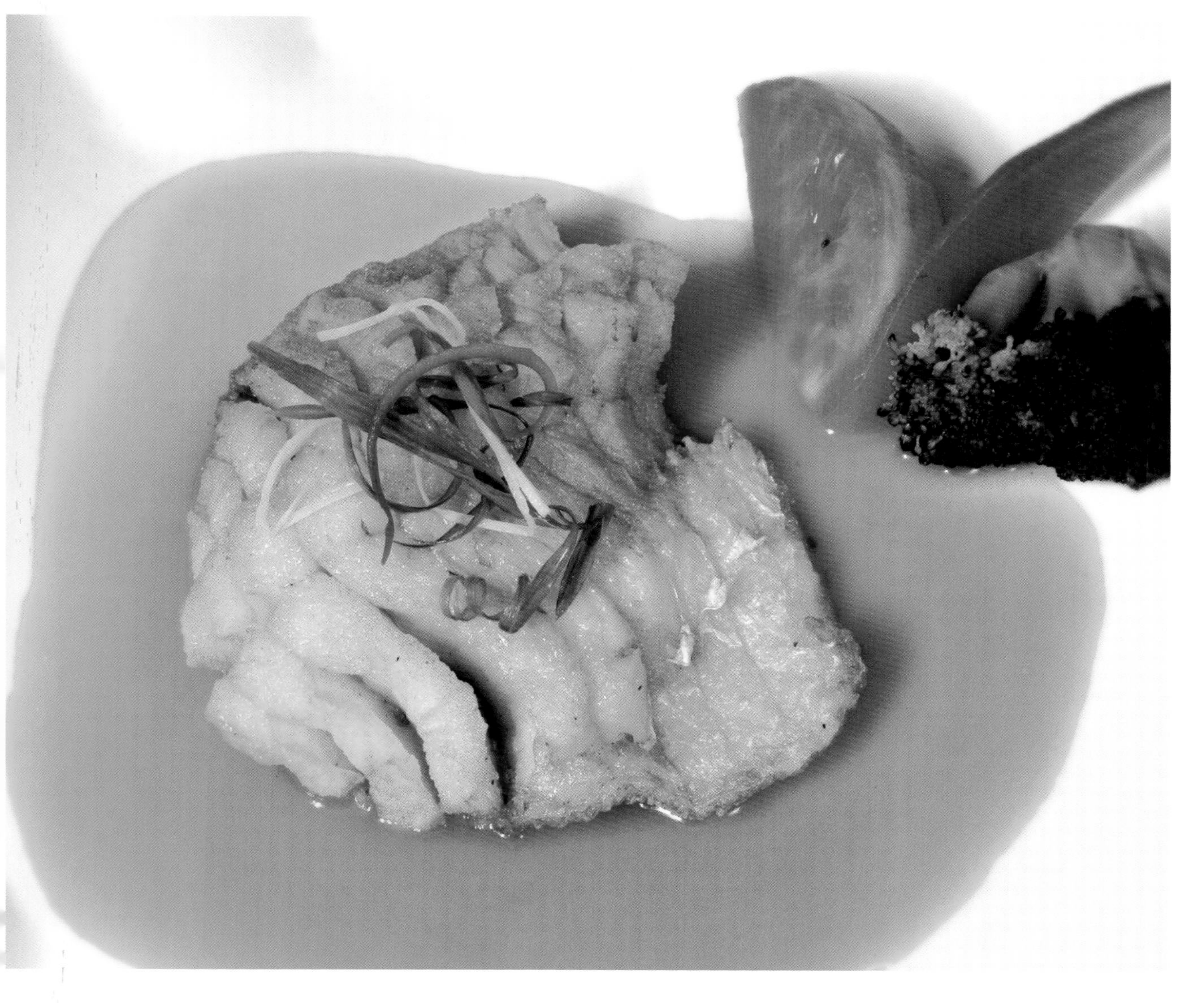

干椒金钱肚

■ **原　　料**：蜂窝牛肚，辣椒、蒜苗等。

■ **烹制方法**：蜂窝肚卤熟切成片，加辣椒、蒜苗等辅料和调料炒匀即可。

■ **味型特点**：色泽红亮，醇香微辣。

■ **营养保健**：牛肚含蛋白质、脂肪、钙、磷、铁、硫胺素、核黄素、尼克酸等，具有补益脾胃、补气养血等功效。

澳式肉排

■ 原　　料：猪肉、馒头等。

■ 烹制方法：将腌制好的五花肉和切成片的馒头下油锅炸，至金黄色时起锅码放整齐装盘即可。

■ 味型特点：外脆内软，乳香味突出。

■ 营养保健：猪肉含有丰富的优质蛋白质和人体必需的脂肪酸，并提供血红素（有机铁）和促进铁吸收的半胱氨酸，能改善缺铁性贫血，具有补肾养血、滋阴润燥的功效。与馒头同食，易于消化，不会对胃肠造成损害。

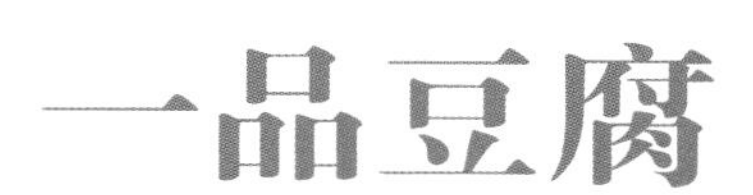

一品豆腐

■ **原　　料**：豆浆、鸡蛋，香菇、茶树菇、白玉菇等。

■ **烹制方法**：豆浆加鸡蛋拌匀，凝固成豆腐状，蒸熟后改刀成块，拍粉炸熟，淋上用香菇丝、茶树菇、白玉菇调制的汁即成。

■ **味型特点**：外脆内嫩，鲜香适口。

■ **营养保健**：营养全面，低脂健康，老少咸宜。

鱼香茄塔

■ **原　　料**：茄子，生菜、肉末、米饭等。

■ **烹制方法**：茄子切成2厘米厚片，加盐拌匀，上笼蒸熟，摆盘，淋上调好味的鱼香汁，糯米饭摆在旁边即可。

■ **味型特点**：汁味香浓，口感软糯。

■ **营养保健**：茄子的营养较丰富，含有蛋白质、脂肪、碳水化合物、维生素以及钙、磷、铁等多种营养成分。特别是维生素P的含量很高，能使血管壁保持弹性和生理功能，有助于防治高血压、冠心病、动脉硬化和出血性紫癜。另外，茄子属于寒凉性质的食物，夏天食用，有助于清热解暑。

宝塔素肉

■ **原　　料：**冬瓜，西兰花、香菇、茶树菇、白玉菇、冬笋片、姜、高汤等。

■ **烹制方法：**冬瓜做成宝塔形，把香菇、茶树菇、白玉菇、笋片等辅料烧入味，装入宝塔内上笼蒸30分钟，淋汁即成。

■ **味型特点：**炟软鲜香。

■ **营养保健：**形状美观，健康低脂，能清热解毒祛暑，有润肺生津、化痰止渴、利尿消肿、减肥美容的功效。

雪菜炒汤圆

- **原　　料：** 汤圆、雪菜等。
- **烹制方法：** 汤圆炸熟，加雪菜下调料调味炒匀即成。
- **味型特点：** 外酥内软，咸甜香辣。
- **营养保健：** 鲜香味美的雪菜，配上外酥里软的汤圆，充分保留了鲜、香、辣、酥、甜的风味，营养丰富。

小贴士

鲜雪菜不宜直接炒食，经过腌制加工，其味由辛辣变为咸鲜，但仍保留了鲜雪菜中含有的蛋白质、钙、磷、铁、胡萝卜素、B族维生素、尼克酸、芥子油等营养成分。

奇香豆腐

- **原　　料**：臭豆腐、面包片，芝麻、肉末、香菇等。
- **烹制方法**：将臭豆腐压蓉加香菇、肉末和调料拌匀，夹在面包片内粘上芝麻炸熟即可。
- **味型特点**：外脆内嫩，乳香味浓。
- **营养保健**：臭豆腐含有酵母、植物性乳酸菌和高浓度的植物杀菌物质，有增进食欲、促进消化的功效，俗称为中国的“素奶酪”，与面包搭配，营养丰富。

腐乳煎饼

■ **原　　料：**面粉、腐乳、肉末，葱花等。

■ **烹制方法：**用面粉加水做成拉面皮，放入用腐乳和肉末制成的馅做成饼；在煎炉上煎熟，改刀装盘即可。

■ **味型特点：**外脆内软，腐香味浓。

■ **营养保健：**含有大量的B族维生素，能降低胆固醇，营养价值较高。

小贴士

此款面点于2003年被评为“贵州名小吃”。

水晶野菜饺

■ **原　　料**：水晶野菜、澄面等。

■ **烹制方法**：将野菜加调料拌匀，用澄面皮包成饺子，蒸5分钟即可。

■ **味型特点**：鲜香软嫩，咸香适中。

■ **营养保健**：具有降低胆固醇、预防高血压心脏病的保健功能，还有促进消化的作用。

马蹄烙

■ **原　　料**：马蹄、花生、糯米粉等。

■ **烹制方法**：将马蹄切丁，加糯米粉拌匀，下油锅煎炸成金黄色装盘，撒花生末即可。

■ **味型特点**：形色俱佳，酥脆可口。

■ **营养保健**：马蹄又名荸荠具有清热止渴、开胃健脾、消食化痰之功效，烙熟食用，更能体现马蹄爽脆多汁、鲜甜可口的特点。

香辣荞麦面

■ **原　　料**：荞麦面，牛肉、花生末、辣椒面等。

■ **烹制方法**：将荞麦面汆熟放凉，装入小碗，淋上用牛肉和辣椒面制成的汁，撒上花生末、葱花即可。

■ **味型特点**：香辣味醇，面条软嫩。

■ **营养保健**：荞麦面蛋白质含量高，氨基酸配比合理，可以美颜瘦身、抗菌消炎、止咳平喘、清理肠道沉积废物，对预防都市白领容易患上的慢性病，具有很好的营养保健作用。

野菜酥

■ **原　　料**：野菜，酥皮、虾肉等。

■ **烹制方法**：将野菜与虾肉拌匀，用酥皮包好炸呈金黄色，装盘即可。

■ **味型特点**：层次分明，酥香软糯。

■ **营养保健**：此款点心极富营养，尤其适合脑力工作者及“三高”等人群。

南瓜蜂糕

■ **原　　料**：南瓜、面粉，白糖、泡打粉等。

■ **烹制方法**：南瓜蒸熟压蓉，加面粉拌匀，用泡打粉醒发后蒸熟即可。

■ **味型特点**：软嫩香鲜。

■ **营养保健**：南瓜有解毒、防癌和护胃消食等作用，经常食用很有益处。

芝香糯米卷

■ 原　　料：糯米粉、籼米粉、黑芝麻，花生、糖等。

■ 烹制方法：将糯米粉和籼米粉调成浆汁，煎成面饼，放上芝麻馅卷成条、煎透即可。

■ 味型特点：软糯甜润。

■ 营养保健：本小吃为温补强壮食品，具有补中益气、健脾养胃、止虚汗之功效。

银耳南瓜扣

■ 原　　料：南瓜、银耳，银杏、红枣等。

■ 烹制方法：将南瓜切块扣入碗内成形，入笼蒸熟，扣入盘内，摆上银杏、红枣、银耳，淋上汁即可.

■ 味型特点：肉烂质软，香甜可口。

■ 营养保健：此菜营养丰富，南瓜含有丰富的钴，有促进造血功能、防治糖尿病、降低血糖等功效。

冰淇淋蛋糕

■ 原　　料：蛋糕、冰淇淋等。

■ 烹制方法：将蛋糕和冰淇淋加工成桃心状即可。

■ 味型特点：造型美观，香甜爽口。

■ 营养保健：解暑佳品。

图书在版编目(CIP)数据

吃在贵州：黔菜精品荟萃／贵州饭店编．—贵阳：贵州人民出版社，2009．9

1SBN 978-7-221-08682-2

Ⅰ．吃…　Ⅱ．贵…　Ⅲ．菜谱—贵州省—图谱　Ⅳ．TS972．182．73-64

中国版本图书馆CIP数据核字(2009)第168945号

吃在贵州——黔菜精品荟萃

贵州饭店　编

*

责任编辑：潘　浩

图片摄影：秦　刚

装帧设计：徐宏斌　陈红昌

*

贵州人民出版社出版发行

（贵阳市中华北路289号　邮编：550004）

恒美印务（广州）有限公司印刷

*

2009年10月第1版　2009年10月第1次印刷

开本：880mm×1240mm　1／16　印张：7.5

字数：12千　印数：1-6000册

*

ISBN 978-7-221-08682-2／TS·24　定价：68.00元